爱心便当：
饭盒里的温暖美味

便当·料理

秉持「创新、贴心、用心」的理念，研发超美味食谱

甘智荣 · 编著

U0272674

新疆人民出版总社
新疆人民卫生出版社

Part3

念念不忘便当菜
TOP35

Part4
10分钟便当菜
快速方便好料理

Part5

低卡少油便当菜
清爽不油腻

营养均衡
便当菜
POINT

❶ 香喷喷主菜➜香煎猪排

带便当时最期待的就是主菜，
美味的主菜能带来一整天的好
心情！香煎猪排非常适合作为
便当的主菜，只要10分钟就
能轻松完成美味多汁的香煎猪
排，一起来做做看吧！"香煎
猪排"的做法请参照P097。

❷ 蔬菜不可少➜凉拌西蓝花

多吃蔬菜身体好，便当也不能
少了蔬菜！凉拌西蓝花只要简
简单单地调味就很美味，用凉
拌的方式不但能保持蔬菜的脆
度，而且就算蒸过也一样好吃
喔！"凉拌西蓝花"的做法请
参照P095。

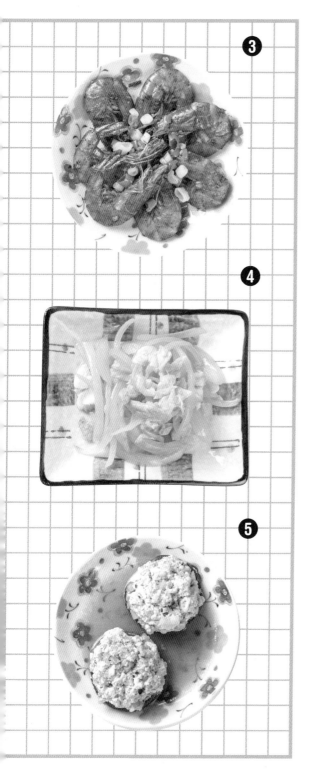

❸ 海鲜好美味➔快炒红虾

便当菜想要吃海鲜，又怕在冰箱放了一夜，隔天就不新鲜了。其实快炒红虾就算隔夜还是一样鲜甜好吃！"快炒红虾"的做法请参照P106。

❹ 补充蛋白质➔洋葱炒蛋

要补充蛋白质，除了肉类以外，最适合便当的菜色就是用鸡蛋变化出来的了。洋葱炒蛋材料简单，烹调快速，轻轻松松就能把美味装进便当盒！"洋葱炒蛋"的做法请参照P103。

❺ 蒸过不变色➔香菇豆腐塔

想要蒸过还是美美不变色的便当菜吗？香菇豆腐塔好看又好吃，蒸过还是一样漂亮，让你带便当连面子也顾到了！"香菇豆腐塔"的做法请参照P098。

Part1
超完美便当搭配

最速配便当组合

不同的便当菜可以搭配出千变万化的便当组合，如野餐时做三明治便当，帮小朋友做可爱的造型便当，不想吃得太油腻就来个轻食便当。一起动手搭配出最美味的便当吧！

活力满满元气便当

❶ 照烧鸡腿

→ 做法请参照P104

❷ 芹菜炒甜不辣

→ 做法请参照P102

❸ 菜脯蛋

→ 做法请参照P099

❹ 香肠菠萝炒饭

材料

鸡蛋	3个
菠萝罐头	250克
白饭	300克
香肠	50克
青豆	适量
黑胡椒粉	少许
食用油	适量
盐	少许

做法

1 菠萝、香肠切丁备用。

2 热油锅，将蛋打散后下锅炒至五分熟，盛起备用。

3 锅中放少许油，将香肠丁、菠萝丁、青豆和白饭下锅翻炒均匀，再放入炒过的蛋，加盐和黑胡椒粉调味即完成。

大人小孩都
爱吃的亲子便当

❶ 玉米笋炒甜豆

➡ 做法请参照P100

❷ 芝士汉堡排

➡ 做法请参照P033

❸ 章鱼小香肠

材料

小热狗肠…………适量   食用油…………适量

做法

1 将小热狗肠一端切十字。

2 热油锅，放入切好的小热狗肠煎熟，待一端卷起像章鱼脚般即完成。

❹ 意大利卷卷面

材料

意大利螺旋面……100克   牛奶…………100毫升
低筋面粉…………100克   盐………………少许
奶油………………100克   黑胡椒粉…………适量

做法

1 锅中加入水，待水滚后加入适量盐，放入螺旋面煮熟后捞起备用。

2 热锅中放入奶油，加面粉炒匀，再倒入牛奶和800毫升的水搅拌均匀，最后放入螺旋面、盐、黑胡椒粉拌匀即完成。

可爱兔子造型便当

❶日式饭团

材料

白饭·················100克　火腿片·················少许
肉松·················30克　黑芝麻·················少许
海苔片·················少许

做法

1 白饭中包入肉松，捏成椭圆形的兔子脸。

2 热一锅滚水，将火腿片烫熟。

3 用海苔片、火腿片剪出造型后贴在饭团上，再以黑芝麻点缀即完成。

> **还能这样做**
>
> 饭团中可以包进各种喜欢的馅料，像是金枪鱼沙拉酱、柴鱼、肉丝、三文鱼等等，都与白饭非常搭配。饭团的造型也能有多种变化，像是小黄瓜、胡萝卜、白萝卜、培根、玉米都可以用来做饭团造型，只要发挥一点小创意，就能让便当大大加分。

❷清炒茭白　　❸香煎猪排
→做法请参照P101　→做法请参照P097

❹芦笋厚蛋烧
→做法请参照P064

野餐趣三明治便当

❶红薯三明治

材料

全麦吐司	100克	胡萝卜丝	少许
红薯泥	适量	生菜	少许
紫包菜丝	少许	沙拉酱	少许

做法

1 将吐司抹上沙拉酱，最外层的两面不要抹。

2 将1片吐司平放在桌上，依序摆上生菜和胡萝卜丝、第2片吐司、红薯泥、第3片吐司、紫包菜丝、第4片吐司，叠好后对半切开即完成。

❷热狗三明治

材料

全麦吐司	100克	芝士	30克
热狗	100克	蛋酥	适量
火腿	100克	沙拉酱	适量
食用油	100克		

做法

1 热油锅，放入热狗和火腿煎熟，对半切开备用；芝士片对半切开备用。

2 将吐司抹上沙拉酱，最外层的两面不要抹。

3 将1片吐司平放在桌上，依序摆上热狗、第2片吐司、蛋酥、第3片吐司、火腿和芝士、第4片吐司，叠好后对半切开即完成。

❸凉拌西蓝花

→ 做法请参照P095

❹梅渍西红柿

→ 做法请参照P122

❺越南春卷

→ 做法请参照P130

赏花寿司便当

❶海苔寿司

材料

鸡蛋	4个	寿司醋	适量
白饭	100克	肉松	适量
海苔片	72克	长条状腌萝卜	适量
食用油	适量		

做法

1 白饭中加入寿司醋，拌匀备用。

2 热油锅，将蛋打散并煎成蛋皮，起锅放凉后切丝。

3 在卷寿司的竹帘上摆上海苔片，再将寿司饭平铺在海苔上，放上肉松、腌萝卜、蛋丝后卷起来压紧，切8等份即完成。

❷豆皮寿司

材料

油豆腐皮	250克	白糖	30克
白饭	100克	酱油	15毫升
高汤	160毫升	寿司醋	适量
味醂	15毫升		

做法

1 将油豆腐皮从中间切一下，放入热水中焯烫，取出并用干净毛巾吸取多余水分，再从切口处拨开豆腐皮。

2 热锅中放入高汤、味醂、白糖、酱油拌匀，再放入豆腐皮，煮至略收干后关火，取出沥干汤汁。

3 白饭中加入寿司醋，拌匀备用。

4 将寿司饭填入做法2的豆皮中即完成。

❸培根芦笋卷

➡ 做法请参照P096

❹香菇豆腐塔

➡ 做法请参照P098

❺日式牛蒡

➡ 做法请参照P121

低卡少油轻食便当

❶荞麦沾面

材料

荞麦面·················100克　味酥·····················40毫升
淡色酱油············60毫升　芥末·····················少许

做法

1 将淡色酱油、味酥、芥末混合均匀，以小火煮开，放凉后冷藏备用。

2 烧一锅滚水，放入荞麦面，煮熟后捞起冲冷水，沥干盛盘备用。

3 食用时取适量荞麦面，沾取酱汁即可。

> **还能这样做**
>
> 煮面时要边煮边观察面条的状态，荞麦面必须煮透，煮至面心无白点的状态才可以捞起来。

❷蒸南瓜

→ 做法请参照P120

❸姜汁猪肉

→ 做法请参照P092

❹凉拌四季豆

→ 做法请参照P094

健康零负担养生便当

❶金瓜炒米粉

材料

米粉	100克	虾米	适量
南瓜	50克	盐	适量
猪肉丝	50克	酱油	适量
包菜	40克	食用油	适量

做法

1 南瓜、包菜切丝，虾米泡水备用。

2 热油锅，下虾米爆香，再放入猪肉丝炒至变白后，盛起备用。

3 滚水中放少许盐和油，下米粉焯烫15秒后，关火，盖上锅盖闷一下。

4 起油锅，将南瓜和包菜炒软，加入适量水和酱油，再下米粉和肉丝、虾米，搅拌均匀，待米粉吸饱汤汁即完成。

❷清蒸鳕鱼
→ 做法请参照P127

❸韭菜炒绿豆芽
→ 做法请参照P126

❹凉拌龙须菜
→ 做法请参照P093

Part2
漂亮便当菜
TOP30

带便当时最怕食物蒸过之后破坏了原本的味道，或是颜色变得枯黄黯淡，让人看了一点食欲都没有。到底带什么菜色的便当比较好呢？大力推荐30道耐蒸不变色的便当菜，保证越蒸越好吃！

漂亮TOP1
瓜仔肉

请扫我…

份量 3人

电锅

材料

猪绞肉……………300克
花瓜碎末…………100克
蒜末………………10克
芝麻油……………少许
米酒………………少许
胡椒粉……………少许

做法

1 猪绞肉中倒入花瓜（即腌小黄瓜）碎末、蒜末、胡椒粉、芝麻油、米酒搅拌均匀。

2 将拌好的瓜仔肉馅放入电锅中，在外锅加水100毫升，蒸至开关跳起后掀盖看看瓜仔肉是否已熟透，若未熟透可再加点水继续蒸煮，蒸20分钟左右即完成。

 还能这样做

同样的材料还能做出好吃的瓜仔肉燥喔！起油锅将蒜末爆香，再放入猪绞肉炒到肉色转白，加入花瓜碎末以及调味料，翻炒至收汁就完成了。

漂亮TOP2

香卤控肉

请扫我…

份量 5人

电锅

材料

五花肉·············750克
冰糖··············30克
老姜··············5克

葱···············10克
酱油·············75毫升
绍兴酒············250毫升

做法

1 五花肉洗净切片，备用。

2 葱切长段拍扁，老姜拍扁，同时放入碗中，加入酱油、冰糖、绍兴酒抓匀，即成腌料。

3 将五花肉放入腌料中，抓腌入味。

4 将五花肉和腌料放进电锅中，在外锅加水200毫升，蒸至开关跳起后掀盖看看控肉是否软嫩，若不够软嫩可再加点水继续蒸煮，大约蒸1小时即可。

还能这样做

不使用电锅的话，可将五花肉和腌料以大火煮滚后，转小火，盖上锅盖，炖煮1小时即可。

漂亮TOP3

红烧牛腩

份量 5人 电锅

材料

牛腩	600克	老姜片	6克
洋葱	100克	八角	8克
胡萝卜	100克	酱油	75毫升
白萝卜	200克	白糖	10克
葱	20克	豆瓣酱	75克
蒜头	3克	番茄酱	30克
辣椒	80克	米酒	90毫升
食用油	适量		

做法

1 洋葱切块，胡萝卜、白萝卜切滚刀块，葱切成段，蒜头拍碎，辣椒斜切成片，牛腩洗净切块备用。

2 将牛腩放入锅中，加入葱10克、姜3克和米酒，再加水盖过食材，以大火加热；水滚后，转中小火煮20分钟左右，捞出葱、姜和牛腩，留取高汤备用。

3 起油锅，爆香剩下的姜片和葱段，蒜头、辣椒也一起下锅爆香，再放入洋葱炒软，接着放入番茄酱、豆瓣酱稍微炒过后，倒入牛腩、八角和其余调味料拌炒均匀。

4 将炒过的牛腩倒入高汤中，放进电锅，外锅加500毫升水，蒸至开关跳起后，再将胡萝卜块和白萝卜块放进去，搅拌一下，外锅再放500毫升水，开关跳起后不要打开锅盖，闷10分钟即可。

还能这样做

想要让牛腩更加软嫩入味的话，可以将牛腩在热汤中浸泡至冷却，再放进冰箱冰一天，隔天要吃的时候，把浮在上层的牛油去除之后再加热，这样吃起来不油腻，味道也更好喔！

漂亮TOP4

苦瓜镶肉

请扫我…　　份量　电锅　3人

材料

苦瓜……………100克	酱油……………适量
猪绞肉…………300克	米酒……………适量
鸡蛋……………1个	胡椒粉…………适量
马蹄……………50克	盐………………适量
胡萝卜…………25克	芝麻油…………适量
香菇……………80克	

做法

1 将香菇泡水后切碎，马蹄剁碎，胡萝卜切成细末。

2 猪绞肉中打入鸡蛋并加入盐、酱油、米酒、芝麻油、胡椒粉、香菇末、马蹄末和胡萝卜末搅拌均匀，最后再加入泡香菇的水拌匀。

3 苦瓜去瓤切段，每段5厘米左右，将肉馅塞入苦瓜段中。

4 将填好肉馅的苦瓜放入电锅中，在外锅加水100毫升，蒸至开关跳起后掀盖看看是否熟透，若还没熟透可以再加点水继续蒸煮，蒸20～30分钟即完成。

> **还能这样做**
>
> 吃不完的苦瓜镶肉，可以放在冰箱中保存，隔天要吃的时候，可改用红烧的方式烹调，或做成苦瓜镶肉汤，就又变成另一道美味的料理了。

漂亮TOP5

粉蒸肉

  请扫我... 份量 3人 电锅

材料

猪小排……………350克
蒜末……………10克
粉蒸粉……………适量
酱油……………适量
米酒……………适量
肉桂粉……………少许
冰糖……………少许
胡椒粉……………少许
芝麻油……………少许

做法

1 猪小排加入蒜末、调味料，抓腌入味。

2 将粉蒸粉倒入腌好的猪小排中拌匀，只要裹上薄薄一层粉即可。

3 将猪小排放入电锅中，在外锅中加水100毫升，蒸至开关跳起后掀盖看看粉蒸肉是否已熟透，若未熟透可再加点水继续蒸煮，蒸20~30分钟即完成。

独家小秘诀

电锅的电源开关跳起后，先别打开锅盖，用电锅中的余热再闷10分钟左右，粉蒸肉会更软嫩美味喔！

漂亮TOP6

干烧大虾

请扫我…… 份量 3人

材料

明虾·······················300克
蛋白·······················1个
蒜末·······················15克
姜末·······················15克
葱花·······················适量
番茄酱·····················30克
白醋·······················少许
盐·························少许
米酒·······················少许
白糖·······················适量
食用油·····················适量

做法

1 明虾洗净后，用剪刀剪去须、尾，再剖开背部。

2 明虾中加入蛋白、糖、米酒、姜抓匀，腌10分钟。

3 热锅中放入适量油，下明虾以大火煎至两面变红后盛起。

4 锅中下适量油，放入蒜末以小火爆香，再加入番茄酱、白醋、糖、盐炒匀，转大火煮至酱汁浓稠。

5 放入煎好的明虾翻炒一下，最后再撒上葱花并收汁即完成。

漂亮TOP7

泡菜烧肉

份量

2人

材料

五花肉片·········150克
韩式泡菜·········100克
泡菜汁···········30克
白糖·············5克
米酒·············15克
盐···············少许
食用油···········适量

做法

1 韩式泡菜切段，备用。

2 热油锅，放入五花肉片炒至肉色变白，再加入泡菜汁、盐、白糖、米酒翻炒均匀，炒至收汁即完成。

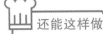 还能这样做

喜欢吃辣的话，可以加入韩式辣酱或辣椒粉一起拌炒，除了增加辣味，香气也会更浓郁喔！

芝士汉堡排

材料

猪绞肉…………300克
鸡蛋………………1个
洋葱………………50克
蒜末………………10克
盐…………………3克
白糖………………适量
酱油………………适量
芝士丝……………适量
黑胡椒粉…………少许
太白粉……………少许
食用油……………适量

做法

1 洋葱切碎末，起油锅下洋葱末，炒软后放凉备用。

2 猪绞肉中加入蛋、洋葱末、蒜末、太白粉和调味料搅拌均匀，将肉馅做成椭圆形肉饼状，并将芝士丝包进去。

3 热油锅，放入汉堡肉，以小火一面煎4～5分钟，再换另一面煎4～5分钟，煎熟后盛盘。

4 另起一锅放入酱油、白糖和太白粉水，煮滚后淋在汉堡肉上即完成。

漂亮TOPg

泰式打抛猪

份量
3人

材料

猪绞肉·················300克
罗勒···················50克
西红柿·················50克
豆角末·················50克
蒜头····················3克
辣椒···················40克
米酒···················15克
柠檬汁················15毫升
鲣鱼酱油···········30毫升
白糖···················10克
食用油················适量

做法

1 将柠檬汁、鲣鱼酱油、白糖调成酱料备用。

2 罗勒去梗，西红柿切丁，蒜头和辣椒切成细末。

3 热油锅，加入蒜末跟辣椒末爆香，再放入猪绞肉，等猪绞肉炒到有一点焦黄时，加米酒炝锅，再倒入调好的酱料，翻炒均匀。

4 将罗勒、豆角末和西红柿丁加入锅中拌炒20秒左右即完成。

独家小秘诀

如果想吃到更多西红柿天然的酸味，在做法3可以先下西红柿炒熟一点，会释放更多酸味以及茄红素。

漂亮TOP10

山苦瓜炒咸蛋

份量

3人

材料

山苦瓜……………100克
咸蛋…………………1个
蒜头…………………2克
食用油………………适量

做法

1 山苦瓜对切，用汤匙挖籽去瓜瓤，再切成薄片。

2 蒜头切末，咸蛋的蛋黄和蛋白分开压碎备用。

3 热油锅，放入咸蛋蛋黄炒到冒泡，盛起备用。

4 蒜末、山苦瓜下锅略炒，加50毫升的水煨煮，煮至苦瓜微软，起锅前倒入咸蛋蛋黄和蛋白，拌炒均匀即完成。

漂亮TOP11

香Q肉圆

份量　蒸锅

材料

猪肉·····················250克
笋丁·····················150克
红薯粉···················600克
米粉······················15克
白糖·······················5克
酱油······················5毫升
胡椒粉·····················少许
海山酱·····················少许

做法

1 猪肉洗净、切小块，加入酱油、白糖、胡椒粉拌匀，腌20分钟入味，再加入笋丁拌匀即成馅料。

2 将米粉与120毫升的水拌匀成米粉浆，再放入煮滚的400毫升水中，以小火拌匀成糊状，待凉后加入红薯粉拌匀即成为外皮粉浆。

3 粉浆分成巴掌大小，包入馅料即成肉圆，放入蒸锅，以大火蒸约20分钟至外皮呈透明状，淋上海山酱即完成。

古早味刈包

份量　蒸锅

材料

五花肉	520克	葱	适量	酱油	适量
酸菜	180克	姜	适量	米酒	适量
香菜	15克	白糖	适量	胡椒粉	适量
刈包皮	2个	八角	适量	花生糖粉	适量
蒜头	30克	食用油	适量		

做法

1 五花肉切片，酸菜洗净切末，葱洗净切长段，姜和蒜用刀拍碎。

2 热锅中放入五花肉，煸出油，取出肉备用。

3 利用锅内余油，爆香葱、姜，加入米酒、酱油、白糖、八角，再将五花肉放回锅内，加水淹过食材，煮滚后转中火，炖至卤肉软嫩即可。

4 热油锅，爆香蒜，放入酸菜、糖、胡椒粉炒匀备用。

5 刈包皮放入蒸锅，以大火蒸约5分钟，取出摊开，先撒上花生糖粉，包进卤肉和酸菜，再撒上花生糖粉和香菜即完成。

漂亮TOP13

西红柿包菜牛肉

 份量
2人

材料

牛肉片……………120克
西红柿……………100克
包菜………………100克
米酒………………适量
盐…………………适量
太白粉……………适量
食用油……………适量

做法

1 牛肉片洗净，加盐、油、米酒及太白粉拌匀，腌5分钟；西红柿洗净，切小块；包菜洗净，切片。

2 热油锅，牛肉片放入锅中，炒至六分熟，起锅备用。

3 另起油锅，放入西红柿与包菜炒熟，再放牛肉片拌炒均匀，最后淋上米酒即可。

漂亮TOP14

白汁牛肉

份量

2人

材料

牛腩·················140克
土豆·················60克
姜片·················适量
盐····················适量
米酒·················适量
食用油···············适量

做法

1 牛腩洗净，切成方块，氽烫约1分钟，备用。

2 土豆去皮，洗净，切成块状。

3 烧热油锅，先放牛腩、姜片炒香，再放土豆、酒，用小火煨煮一会，待汤汁稍收干即可。

独家小秘诀

如果不喜欢吃太有咬劲的牛腩，可以加水淹过牛腩，淋上少许米酒，放入电锅中，外锅加1杯水，蒸至开关跳起，牛腩就会变得软嫩许多喔！

香芋炖肉

份量

2人

材料

梅花肉·················450克
芋头···················370克
八角···················少许
姜片···················少许
葱花···················少许
米酒···················适量
酱油···················适量
白糖···················适量
食用油·················适量

做法

1 芋头洗净去皮切块；梅花肉洗净切块。

2 起油锅，放入梅花肉煎至两面焦黄，加入芋头拌炒，再放入八角、姜片、一半的葱花、酱油、米酒和白糖，待酱汁煮滚，加水淹至食材2/3的高度，煮滚汤汁。

3 盖上锅盖，用中火焖煮30分钟，直到汤汁剩1/4，撒上剩余的葱花即可。

板栗烧白菜

份量

3人

材料

白菜·····················300克
板栗·····················70克
葱花·····················适量
姜末·····················适量
太白粉·····················适量
盐·····················适量
食用油·····················适量

做法

1 板栗去皮、洗净，在油锅内过油，取出备用。

2 白菜洗净，切成小片，焯烫后捞出沥干备用。

3 热油锅，放入葱花、姜末炒香，再放入白菜、板栗、盐翻炒，起锅前用太白粉水勾芡即可。

干贝炒丝瓜

份量

3人

材料

丝瓜······················260克
干贝······················30克
姜片······················少许
蒜末······················少许
葱段······················少许
盐························适量
米酒······················适量
太白粉·····················适量
芝麻油·····················适量
食用油·····················适量

做法

1 丝瓜洗净去皮，切长条状；干贝泡水后，用刀将泡好的干贝压成丝。

2 热油锅，放入姜片、蒜末爆香，加入干贝丝和米酒拌炒均匀，再放入丝瓜，加少许水，炒至熟软。

3 加盐调味，放入葱段拌炒均匀，再以太白粉水勾薄芡，起锅前淋上芝麻油即完成。

漂亮TOP22
西红柿炒豆腐

份量

2人

材料

西红柿·················200克
豆腐·················100克
酱油·················适量
葱段·················适量
盐···················适量
白糖·················适量
食用油···············适量

做法

1 将西红柿洗净切成小块；豆腐切块，大小接近西红柿。

2 将油放入锅中，烧热后，放入葱段与西红柿略炒，再放入豆腐、酱油、盐和糖，加水煨一下即可。

🍳 独家小秘诀

放入豆腐之后，不可过度翻炒，不然豆腐很容易碎掉，尽量用锅铲以推的方式拨动豆腐，将豆腐与西红柿轻轻搅拌匀即可，这样才能维持豆腐的形状。

漂亮TOP23

翡翠鱼片

份量 2人

材料

鲷鱼片·················110克
西蓝花·················120克
蒜末······················少许
姜末······················少许
米酒······················适量
盐·························适量
太白粉···················适量
芝麻油···················适量
食用油···················适量

做法

1 鲷鱼洗净切斜刀片，加盐、米酒、太白粉拌匀备用。

2 西蓝花剥成小朵，洗净；滚水中加盐和油，放入西蓝花焯烫，捞起备用。

3 同锅水中再下米酒，水滚后将鱼片快速汆烫，捞起备用。

4 热油锅，爆香蒜末、姜末，放入西蓝花拌炒均匀，再加盐和水，汤汁煮滚后，放入鱼片煨煮，起锅前以太白粉水勾芡，最后淋上米酒和芝麻油即完成。

虾仁炒豆角

份量
3人

材料

虾仁·····················200克
豆角·····················150克
蒜末·······················少许
姜末·······················少许
葱段·······················少许
盐·························适量
米酒·······················适量
太白粉·····················适量
白糖·······················适量
食用油·····················适量

做法

1 豆角洗净切段；虾仁洗净后，加盐、太白粉、米酒拌匀，腌渍入味。

2 热油锅，爆香姜片、蒜末、葱段，放入豆角拌炒均匀，加白糖和盐调味，再下少许水煨煮。

3 最后放入虾仁和米酒，盖上锅盖焖煮至食材熟透即完成。

咖喱牛肉土豆丝

份量

2人

材料

牛肉·················150克
土豆················80克
葱花················适量
姜末················适量
咖喱粉··············适量
太白粉··············适量
米酒················适量
酱油················适量
盐··················适量
冰糖················适量
食用油··············适量

做法

1 将牛肉切成丝，加太白粉、冰糖、酱油、米酒腌渍，备用。

2 土豆洗净后，切成丝，撒上太白粉，抓匀备用。

3 起油锅，将牛肉丝下锅翻炒至变色，起锅备用。

4 另起油锅，爆香葱花、姜末，放入土豆，加入盐、咖喱粉、牛肉，炒熟即可。

漂亮TOP26
红烧土豆

份量

3人

材料

土豆·················500克
青椒··················50克
胡萝卜················50克
盐····················3克
酱油················2毫升
白糖··················3克
八角··················5克
甜酒·················10克

做法

1 五花肉切厚片；青椒、胡萝卜、土豆洗净，切块备用。

2 锅中放入八角、盐、白糖、甜酒、适量水、酱油煮滚。

3 待酱汁煮滚后，放入胡萝卜略炒，炒至胡萝卜外表油亮，再放入青椒、土豆拌炒均匀，盖上锅盖，焖煮10分钟至收汁即完成。

糖醋鱼片

份量

3人

材料

鲷鱼肉……………………200克
鸡蛋………………………2个
木耳………………………50克
胡萝卜……………………20克
西芹………………………20克
葱花………………………适量
蒜末………………………适量
盐…………………………适量
胡椒粉……………………适量
酱油………………………适量
白醋………………………适量
米酒………………………适量
芝麻油……………………适量
白糖………………………适量
太白粉……………………适量
食用油……………………适量

做法

1 木耳、胡萝卜、西芹洗净切片；蛋打散；所有调味料调成酱汁，备用。

2 鲷鱼肉切成小片，加入米酒、盐拌匀，再加入蛋液、太白粉搅拌均匀。

3 锅中加油烧至五分热，把鱼片放入油锅中炸至表皮酥香，捞出沥干油，备用。

4 热油锅，爆香蒜末、葱花，加入木耳、胡萝卜、西芹、鱼片、酱汁拌炒均匀即可。

漂亮TOP28

干煎带鱼

份量 2人

材料

带鱼······150克
面粉······适量
葱丝······适量
姜片······适量
蒜片······适量
酱油······适量
盐······适量
米酒······适量
食用油······适量

做法

1 带鱼切去头部，将内脏处理干净，洗净后拭干鱼身上的水分，切成一段段，裹上面粉备用。

2 热油锅，放入带鱼，煎至两面呈金黄色，待散发出香味后取出备用。

3 另起油锅，爆香姜片、蒜片、葱丝，放入煎好的带鱼拌炒均匀，再加入酱油、盐、米酒调味，收干酱汁即可。

漂亮TOP29

南瓜炒肉丝

份量

2人

材料

南瓜······················250克
猪肉丝··················45克
姜片······················15克
葱花························适量
酱油························适量
食用油····················适量

做法

1 南瓜洗净，去皮和瓤，切成斜片后备用。

2 热油锅，爆香姜片；放入猪肉丝炒散，略炒1分钟；再加入南瓜，翻炒2分钟；最后加入酱油和水，煨煮一下，待南瓜熟软，撒上葱花即可。

香菇炒芹菜

份量
2人

材料

香菇··················30克
西芹··················100克
胡萝卜················30克
蒜末··················少许
葱段··················少许
盐····················适量
芝麻油················适量
米酒··················适量
白糖··················适量
食用油················适量

做法

1 香菇洗净切片，西芹洗净切斜刀片，胡萝卜洗净去皮切片。

2 热油锅，放入蒜末、葱段爆香，接着放入胡萝卜、香菇拌炒均匀，再加米酒、盐、白糖、水煨煮至香菇变软，下西芹快速翻炒，起锅前淋上芝麻油即完成。

Part3
念念不忘便当菜
TOP35

每个人的记忆中都有一些怀念的味道，只要吃过一次就忘不了。精选35道让人念念不忘的便当菜，不藏私大公开！

念念不忘TOP1

份量

3人

糖醋里脊

材料

里脊肉……………300克
青椒………………30克
洋葱………………30克
胡萝卜……………30克
红薯粉……………15克
太白粉……………15克
番茄酱……………15克
白醋………………30毫升
冰糖………………15克
芝麻油……………15毫升
食用油……………适量

做法

1 里脊肉切块，与腌料拌匀，腌约30分钟。

2 取出腌好的里脊肉块，表面沾上红薯粉，放入热油锅中炸熟。

3 青椒、洋葱、胡萝卜分别洗净切片，放入热油锅中爆炒，再加入里脊肉、蕃茄酱、白醋、冰糖及水，煮滚后，再用少许太白粉水勾芡，起锅前淋上芝麻油即可。

腌料

鸡蛋　1个
蒜头　1克
酱油　8毫升
米酒　15毫升
白糖　8克

念念不忘TOP2

酱爆鸡丁

份量

3人

材料

去骨鸡腿肉………150克
青椒…………………15克
洋葱…………………30克
菠萝罐头……………150克
辣椒…………………40克
蒜末…………………5克
白糖…………………5克
豆瓣酱………………8克
食用油………………适量

做法

1 青椒、洋葱、菠萝切丁；辣椒切丝，备用。

2 鸡腿肉切丁，加入所有腌料拌匀，备用。

3 热锅，加入30毫升沙拉油，放入鸡丁以大火炒至变白后盛出备用。

4 热油锅，放入蒜末及所有做法1的材料，以小火略炒香，再加入所有调味料，以小火炒至汤汁浓稠，接着放入炒过的鸡丁，以大火快炒至汤汁收干即可。

腌料

盐	4克
米酒	8毫升
太白粉	15克

蜜汁排骨

份量
3人

材料

猪小排…………300克
白芝麻…………少许
白糖……………30克
酱油……………4毫升
红薯粉…………适量
面粉……………适量
太白粉…………适量
食用油…………适量

做法

1 猪小排洗去血水，沥干后加腌料抓腌，再加入太白粉抓匀。

2 红薯粉加面粉、水混合成粉浆，将猪小排均匀裹上粉浆。

3 热一锅油，放入猪小排，以小火炸至金黄色，捞起备用。

4 锅中留少许油，加入所有调味料煮滚后关火，放入猪小排及白芝麻拌匀即完成。

腌料

酱油　　4毫升
胡椒粉　4克
米酒　　15毫升

念念不忘TOP4

卤白菜

请扫我...　　份量　电锅　5人

材料

大白菜·············600克
香菇··············30克
虾米··············20克
炸猪皮············25克
老姜··············10克
葱段··············20克
盐···············适量
冰糖··············少许
米酒··············少许
芝麻油·············少许

做法

1 老姜拍碎，大白菜剥成一片片洗净备用。

2 炸猪皮用热水泡软后，切成适合大小；香菇、虾米泡软备用。

3 容器中放入大白菜、炸猪皮、虾米、香菇、葱段、老姜和所有调味料，再放入电锅中，在外锅中加水200毫升，蒸至开关跳起后掀盖看看大白菜是否变软，若不够软可再加点水继续蒸煮，要蒸到白菜变软却没糊掉的状态，蒸40~60分钟即完成。

生炒墨鱼

份量

3人

材料

墨鱼······················250克
竹笋······················50克
胡萝卜····················50克
蒜末······················15克
姜片······················3克
辣椒······················40克
蒜苗······················10克
芹菜······················适量
酱油······················15毫升
白糖······················15克
乌醋······················30毫升
米酒······················15毫升
芝麻油····················少许
太白粉····················少许
食用油····················适量

做法

1 将竹笋、胡萝卜、辣椒、蒜苗洗净切片；芹菜切末；墨鱼从内侧切花刀。

2 将墨鱼、笋片、胡萝卜片汆烫后沥干，备用。

3 热油锅，以小火爆香蒜末、姜片、蒜苗、辣椒，接着加入笋片、胡萝卜片、墨鱼、芹菜末、米酒拌炒均匀，再加入所有调味料，转大火快炒约20秒，最后以太白粉水勾芡即完成。

念念不忘TOP6

三杯中卷

请扫我...

份量

3人

材料

鱿鱼中卷	300克
蒜片	30克
姜片	6克
辣椒片	5克
罗勒	40克
芝麻油	15毫升
冰糖	适量
米酒	适量
酱油	适量
蚝油	少许
胡椒粉	少许

做法

1 鱿鱼中卷洗净沥干，切成小圈状备用。

2 罗勒洗净沥干备用。

3 将蚝油、冰糖、酱油调成酱汁备用。

4 热锅中放芝麻油，加入蒜片和姜片，以小火爆香，再放入中卷圈，转大火炒至七分熟，下米酒炝锅，再加入调好的酱汁、胡椒粉、辣椒拌炒均匀，最后加入罗勒拌炒均匀，起锅前淋上米酒即完成。

泰式椒麻鸡

材料

去骨鸡腿肉………500克
面粉……………适量
酱油……………适量
胡椒粉…………适量
食用油…………适量

做法

1 鸡腿肉用刀轻剁切筋，加酱油、胡椒粉腌渍入味。

2 蒜头、辣椒、香菜切碎后加白糖、柠檬汁、鱼露、盐，搅拌均匀，即成酱汁。

3 将腌好的鸡腿肉两面都裹上面粉，热油锅，将鸡皮面朝下放入锅中，以半煎炸的方式煎至两面金黄，最后再转大火逼油，取出鸡块后淋上酱汁即完成。

酱汁

香菜	3克
辣椒	50克
蒜头	3克
柠檬汁	15毫升
白糖	30克
鱼露	15毫升
盐	少许

芦笋厚蛋烧

份量

2人

材料

芦笋······················20克
鸡蛋······················3个
海苔片····················72克
培根······················30克
牛奶······················60毫升
盐························少许
胡椒粉····················少许
食用油····················适量

做法

1 热锅中放入培根，干煎至油分滴出后，切成末。

2 蛋打散，加入培根末和牛奶、盐、胡椒粉搅拌均匀。

3 芦笋放入滚水中焯烫至熟，捞出沥干放凉，再用海苔片将所有芦笋绑成一束备用。

4 锅中均匀抹上油，倒入些许蛋液，摇动锅面让蛋液均匀分布，将芦笋束放入中间1/3的位置，接着将前1/3的蛋皮覆盖芦笋，再翻折后1/3的蛋皮。

5 空出的锅面上抹上一层油，再倒入些许蛋汁，重复做法4直至蛋液用尽即完成。

念念不忘TOPg

桂花莲藕

份量 电锅

材料

莲藕······300克
糯米······100克
桂花酱······5克
白糖······90克
盐······2克

做法

1 将糯米浸泡2小时以上；莲藕去皮，切去头和尾部，露出藕孔。

2 将浸泡好的糯米填入藕孔，约九分满，接着盖上刚才去掉的莲藕头和尾的部分，用牙签固定。

3 将莲藕放入电锅内，外锅放500毫升水，蒸至开关跳起后，取出放凉切片。

4 热锅中加入所有调味料，用小火煮至酱汁呈浓稠状，淋在切好的莲藕片上即完成。

京酱肉丝

 请扫我…

份量

3人

材料

猪肉丝·······················250克
葱·······························80克
蒜末·····························10克
甜面酱···························25克
酱油·····························少许
芝麻油···························少许
冰糖·····························少许
太白粉···························适量
米酒·····························适量
食用油···························适量

做法

1 葱洗净切段备用；肉丝加入酱油、芝麻油、太白粉、冰糖、米酒拌匀。

2 将甜面酱、冰糖、酱油调成酱汁备用。

3 热锅，加入适量油，放入肉丝炒至颜色变白，盛起备用。

4 热油锅爆香蒜末、葱段，再放入酱汁拌炒，加一点水，放入肉丝快速翻炒均匀，再下米酒炝锅，起锅前淋上芝麻油拌炒一下即完成。

念念不忘TOP11

麻婆豆腐

份量 3人

请扫我…

材料

嫩豆腐…………………200克
猪绞肉…………………50克
葱花……………………适量
蒜末……………………5克
姜末……………………5克
辣椒酱…………………30克
酱油……………………适量
冰糖……………………适量
太白粉…………………适量
芝麻油…………………适量
盐………………………适量
花椒……………………少许
辣椒油…………………少许
食用油…………………适量

做法

1 滚水中放少许盐，豆腐切小块放入滚水中焯烫后，捞起备用。

2 猪绞肉中加芝麻油拌匀。

3 热锅中放少许油与芝麻油，爆香花椒、姜末、蒜末，再加入猪绞肉炒到变白。

4 将辣椒酱、酱油、冰糖调成酱汁。

5 热锅中放入酱汁拌炒，加点水，再下豆腐煨煮一下，然后加少许太白粉水勾芡，用推的方式拌匀。

6 起锅前撒上葱花与辣椒油即完成。

麻油松阪猪

请扫我…

份量
3人

材料

松阪猪肉·········250克
白玉菇···········50克
老姜片···········适量
枸杞·············15克
米酒·············300毫升
芝麻油···········适量
蚝油·············适量
冰糖·············少许

做法

1 松阪猪肉洗净擦干后，逆纹斜切成片；白玉菇切除蒂头后剥小块；枸杞洗净泡水后沥干备用。

2 冷锅加入芝麻油和姜片，小火煸至姜片干皱微卷。

3 放入松阪猪肉片翻炒，再放入白玉菇拌炒，接着加入蚝油、冰糖、米酒，以大火翻炒均匀，最后放入枸杞煮滚即完成。

念念不忘TOP13

土豆炖肉

份量
电锅

材料

梅花肉……………300克
土豆………………200克
胡萝卜……………100克
洋葱………………100克
酱油………………30毫升
米酒………………15毫升
白糖………………15克
盐…………………5克
食用油……………适量

做法

1 土豆、胡萝卜去皮后切滚刀块，洋葱去皮切小块。

2 热油锅，将洋葱炒软，再加入土豆与胡萝卜拌炒均匀，起锅备用。

3 梅花肉切块，先用少许米酒和酱油抓腌一下，下锅炒到七分熟时，加入洋葱、土豆和胡萝卜。

4 最后放入酱油、米酒、白糖、盐和水，放入电锅中，外锅加200毫升水，蒸至开关跳起即完成。

念念不忘TOP14

三杯米血糕

请扫我…

份量

3人

材料

杏鲍菇…………100克
米血糕…………250克
蒜头……………4克
老姜……………5克
蚝油……………30克
芝麻油…………适量
酱油……………适量
米酒……………适量
罗勒……………适量
冰糖……………少许
胡椒粉…………少许

做法

1 米血糕切小块、杏鲍菇切片备用。

2 锅中下芝麻油，放入蒜头及姜片以中小火爆香，再放入杏鲍菇，先转大火拌炒一下，再转小火煎煮。

3 将酱油、冰糖、蚝油调成酱料倒入锅中，转大火，跟杏鲍菇一起拌炒，再放入胡椒粉、米酒、米血糕快速翻炒，等到米血糕均匀沾满酱汁后，加一点水，拌炒至酱汁呈浓稠状，放入罗勒拌炒，起锅前再下一点米酒即完成。

椰香绿咖喱

材料

去骨鸡腿肉……200克
洋葱……………25克
椰奶……………245毫升
绿咖喱粉…………适量
鱼露………………适量
食用油……………适量

做法

1 鸡腿肉切小块，洋葱去皮切小块。

2 热油锅，加入绿咖喱粉炒香，再加入半罐的椰奶炒匀，加水煮滚后，放入鸡腿肉、剩下的椰奶、洋葱，以中小火煮10分钟，加入鱼露，再焖煮约5分钟即完成。

独家小秘诀

绿咖喱带有些许辣味，不敢吃太辣的话，可以少放一些绿咖喱粉，或是增加椰奶的份量，用椰奶中和辣味。

石板山猪肉

份量 　烤箱

材料

山猪五花肉……200克
洋葱……………50克
蒜苗……………适量

腌料

蒜泥　　　　5克
高粱酒　　　15毫升
肉桂粉　　　2克
酱油　　　　4毫升
盐　　　　　少许
黑胡椒粒　　少许
花椒粉　　　少许

做法

1 洋葱、蒜苗切丝备用。

2 将五花肉洗净擦干，把腌料均匀涂抹于五花肉的表面，装进保鲜盒中，放入冰箱冷藏2天，每天拿出来翻面1次。

3 平底锅烧热，不须放油，直接将腌好的五花肉块入锅中煸至两面焦黄，将两面撒上胡椒粒。

4 把肉块分切成适当大小，放进已预热至120℃的烤箱中烤10分钟。

5 将洋葱丝放在盘底，摆上烤好的猪肉，再撒上蒜苗即完成。

沙茶鱿鱼烩饭

份量

2人

材料

鱿鱼…………300克	葱段…………适量
白饭…………200克	红薯粉…………20克
笋片…………50克	酱油…………10毫升
高汤…………500毫升	柴鱼粉…………5克
鸡蛋…………1个	蒜酥…………5克
香菇…………30克	沙茶…………5克
木耳…………30克	乌醋…………5毫升

做法

1 将鱿鱼洗净后切成适当大小，并放入滚水中汆烫后捞出沥干。

2 木耳、香菇切块，放入高汤煮熟，再加入打散的蛋、笋片、葱段、酱油、乌醋、柴鱼粉、沙茶、蒜酥煮10分钟。

3 放入鱿鱼，再以红薯粉水勾芡，淋在白饭上即完成。

豉汁蒸排骨

份量　蒸锅

3人

材料

猪排骨·················330克
豆豉··················20克
葱段··················适量
姜丝··················适量
白糖··················适量
酱油··················适量
芝麻油·················适量
红薯粉·················适量

做法

1 把豆豉洗净后放入小碗里，用水浸泡5分钟，浸泡豆豉的水保留备用。

2 将排骨洗净，剁成小块，放入碗里，加入豆豉和泡豆豉的水、白糖、酱油、芝麻油、红薯粉拌匀，放入蒸锅，撒上姜丝、葱段，以大火蒸30分钟即可。

念念不忘TOP19

菠萝鸡球

份量

材料

去骨鸡腿……………200克
菠萝…………………70克
青椒…………………30克
红椒…………………30克
蒜末…………………适量
葱花…………………适量
酱油…………………适量
白糖…………………适量
食用油………………适量

做法

1 去骨鸡腿洗净，切块。

2 菠萝洗净，取肉，切块；青椒、红椒分别洗净，去蒂、籽，切块备用。

3 热油锅，下鸡腿肉，炒至微黄，再放入葱花、蒜末、白糖、酱油、青椒、红椒，翻炒片刻，最后放入菠萝拌匀即可。

椒盐里脊

份量

3人

材料

里脊肉…………200克
干辣椒……………5克
花生………………30克
蛋黄………………1个
葱花………………适量
胡椒粉……………适量
盐…………………适量
米酒………………适量
太白粉……………适量
蒜末………………适量
食用油……………适量

做法

1 里脊肉洗净、切条，用蛋黄、盐、胡椒粉、米酒、太白粉腌渍，下油锅，炸酥。

2 锅底留少许油，爆香蒜末、葱花、干辣椒，再放入炸好的里脊条，快速拌炒，加胡椒粉、盐调味，起锅前，加入花生和米酒即可。

椒盐柳叶鱼

份量

3人

材料

小黄鱼	450克	盐	2克
青椒丁	10克	米酒	2毫升
红椒丁	10克	胡椒粉	2克
洋葱丁	10克	椒盐粉	2克
蛋黄	3个	芝士粉	5克
葱花	少许	太白粉	10克
食用油	适量		

做法

1 小黄鱼洗净后加入盐、米酒、胡椒粉、芝士粉、蛋黄拌匀，裹上太白粉，放入热油锅内炸至金黄色，捞出沥干油。

2 锅中留油烧热，下青椒丁、红椒丁、洋葱丁、葱花炒出香味，放入炸好的小黄鱼，撒上椒盐粉翻炒均匀即可。

蒜苗肉丝

份量

2人

材料

蒜苗…………120克
猪肉片…………130克
酱油……………适量
芝麻油…………适量
白糖……………适量
食用油…………适量

做法

1 将肉片洗净切丝，用芝麻油、白糖、酱油腌渍入味。

2 蒜苗洗净，蒜白切斜刀，蒜绿切段。

3 锅内放适量油，烧热后，把猪肉丝放入锅内，翻炒至变白，取出备用。

4 锅底留油，爆香蒜白，再放入猪肉丝、酱油、白糖，翻炒一会，下蒜绿和水，起锅前，加入芝麻油即可。

念念不忘TOP23

葱爆酸甜牛肉

份量

3人

材料

牛里脊肉…………300克
葱…………………50克
蒜末………………适量
芝麻油……………适量
米酒………………适量
酱油………………适量
白醋………………适量
白糖………………适量
太白粉……………适量
食用油……………适量

做法

1 将牛里脊肉洗净，剔去筋膜，切成薄片后放碗中，加太白粉、米酒、酱油、芝麻油、白糖拌匀；葱洗净，切成段。

2 热油锅，爆香蒜末、葱段，放入牛肉片快速翻炒，加点白醋拌炒均匀，炒熟即完成。

土豆南瓜炖鸡肉

份量
3人

材料

鸡肉……………200克
南瓜……………100克
土豆………………70克
酱油………………适量
葱花………………适量
姜末………………适量
蒜末………………适量
白糖………………适量
盐…………………适量
太白粉……………适量
食用油……………适量

做法

1 土豆去皮切块；鸡肉切块后放入碗中，加少量的太白粉和盐腌渍5分钟；南瓜去皮切块。

2 热油锅爆香姜末、蒜末，再放入鸡肉拌炒。

3 加入南瓜、土豆，再加入盐、白糖、酱油和水，煮至南瓜软烂，撒入葱花即可。

板栗烧鸡

份量

3人

材料

板栗······50克
去骨鸡肉······300克
胡萝卜······30克
绍兴酒······15毫升
酱油······15毫升
葱白······适量
姜片······适量
盐······适量
芝麻油······适量
太白粉······适量
食用油······适量

做法

1 鸡肉切成块，加盐及太白粉腌渍5分钟；胡萝卜切滚刀块。

2 板栗洗净滤干，下油锅炸至金黄色，备用。

3 起油锅，将鸡块煎至表皮微焦，再加入板栗、胡萝卜、葱白、姜片、酱油及水，待水滚后，加入绍兴酒，盖上锅盖，焖煮约10分钟。

4 起锅前用太白粉水勾芡，淋上芝麻油即可。

西红柿鸡片

份量
2人

材料

鸡肉…………220克
马蹄…………25克
西红柿…………100克
葱花…………少许
太白粉…………适量
盐…………适量
白糖…………适量

做法

1 鸡肉洗净切片，放入碗中，加入盐、太白粉腌渍。

2 马蹄洗净切末；西红柿洗净切块。

3 干煎鸡肉片，再加入水、马蹄、西红柿、盐、白糖，以中火煨煮片刻，至汤汁呈浓稠状，起锅前撒上葱花即可。

鱼香茄子

份量

3人

材料

茄子·················500克
青椒丝··············100克
辣椒丝··············适量
葱段················适量
蒜泥················适量
姜丝················适量
豆瓣酱··············适量
白糖················适量
酱油················适量
芝麻油··············适量
米酒················适量
太白粉水············适量
食用油··············适量

做法

1 将茄子洗净，切成滚刀块，放入热油锅中炸软，沥干油，备用。

2 将锅置于火上，倒油烧热，放入葱段、姜丝、辣椒丝、蒜泥爆炒；放入豆瓣酱、酱油、白糖、水和茄子，炒至茄子上色，加入青椒丝，翻炒几下；最后加入米酒，用太白粉水勾芡，淋上芝麻油即可。

什锦烧豆腐

份量
2人

材料

虾米·····················10克
豆腐·····················200克
竹笋·····················30克
香菇·····················60克
鸡肉·····················50克
姜末·····················适量
米酒·····················适量
酱油·····················适量
盐·······················适量
食用油···················适量

做法

1 豆腐洗净后切块；香菇、竹笋、鸡肉分别洗净，切片。

2 热油锅，放入姜末、虾米和香菇炒出香味，再放入鸡肉片、酱油、米酒炒匀，接着加入豆腐和笋片，加少许水略煮，最后加盐调味即可。

念念不忘TOP29

三菇烩丝瓜

份量
2人

材料

丝瓜·················150克
鸡腿菇·············50克
香菇·················50克
草菇·················50克
蒜片·················适量
葱花·················适量
盐····················适量
芝麻油··············适量
白糖·················适量
胡椒粉··············适量
太白粉水···········适量
食用油··············适量

做法

1 丝瓜去皮、切块；香菇洗净、泡温水，1朵切4块；草菇洗净，1朵切2块；鸡腿菇洗净，切滚刀块。

2 热油锅，下蒜片爆香，再放入鸡腿菇、香菇、草菇拌炒出香味。

3 放入丝瓜块和泡香菇的水，水煮滚后，加入盐、白糖、胡椒粉调味，盖上锅盖，焖煮10分钟。

4 撒入葱花，用太白粉水勾芡，淋上芝麻油，拌炒均匀即可。

猪肉炖豆角

材料

五花肉……………200克
豆角………………120克
胡萝卜……………100克
姜片………………少许
蒜末………………少许
白糖………………适量
米酒………………适量
酱油………………适量
食用油……………适量

做法

1 豆角洗净切段；胡萝卜洗净去皮，切长条状；五花肉切块。

2 热油锅，放入五花肉煎至两片焦黄后，加入姜片、蒜末爆香；再加入胡萝卜、豆角翻炒均匀，下米酒、白糖、酱油调味；待酱汁煮滚后，加水淹过一半的食材，再次煮滚后盖上锅盖，焖煮15分钟至食材熟透，收汁即完成。

念念不忘TOP31

雪菜炒肉末

份量 3人

材料

猪绞肉……………100克
雪菜………………200克
姜末………………适量
白糖………………适量
盐…………………适量
酱油………………适量
食用油……………适量

做法

1 把雪菜浸泡10分钟，清洗干净后擦干，切末备用。

2 先热锅，放入适量的油，爆香姜末，再放入绞肉炒一下至颜色变白。

3 接着放入雪菜煸炒30秒，加入盐、白糖、酱油翻炒几下，至散发出香味即可。

红烧鲈鱼片

份量
2人

材料

鲈鱼……………400克
葱花……………适量
姜丝……………适量
盐………………适量
白糖……………适量
米酒……………适量
酱油……………适量
太白粉…………适量
食用油…………适量

做法

1 鲈鱼洗净取鱼肉，切成斜片，放入碗中，加盐、米酒和太白粉拌匀，再倒入锅中，炸至金黄色后捞起备用。

2 原锅底留油，爆香姜丝、葱花，放入酱油、白糖、太白粉和水调成酱汁，再下鱼片，让酱汁均匀裹在鱼片上，即可起锅。

葱椒鲜鱼条

份量
2人

材料

多利鱼……………250克
面粉………………50克
蛋黄…………………1个
洋葱………………30克
葱花………………适量
辣椒末……………适量
盐…………………适量
白糖………………适量
米酒………………适量
白胡椒……………适量
食用油……………适量

做法

1 洋葱洗净去皮，切成末。

2 面粉加入水、蛋黄、白糖、盐，制成面糊。

3 将多利鱼洗净，取鱼肉，将鱼肉切成5厘米的鱼肉条，用米酒腌一下，裹上面粉，放入油锅中炸至金黄色，捞出备用。

4 另起油锅，爆香辣椒末、葱花，加盐、白糖、白胡椒、鱼条一起拌炒，起锅前再放入洋葱拌炒均匀即可。

牛肉笋丝

份量

2人

材料

牛肉·················90克
竹笋·················30克
葱···················适量
姜丝·················适量
酱油·················适量
盐···················适量
米酒·················适量
太白粉···············适量
食用油···············适量

做法

1 将竹笋、葱、牛肉分别洗净，切成丝。

2 牛肉用太白粉、盐和米酒，腌制片刻。

3 起油锅，将牛肉炒至六分熟，爆香笋丝和姜丝，再倒入酱油、葱丝，与牛肉丝同炒，炒匀即可。

清炒蹄筋

份量

材料

猪蹄筋……………250克
甜豆………………150克
蒜末………………适量
姜末………………适量
盐…………………适量
米酒………………适量
太白粉……………适量
蚝油………………适量
芝麻油……………适量
食用油……………适量

做法

1 猪蹄筋洗净，切成条状，放入滚水中汆烫一下，取出备用。

2 起油锅，爆香蒜末、姜末，加入甜豆和猪蹄筋，迅速翻炒，使猪蹄筋均匀受热。

3 加入蚝油、盐、米酒煨煮片刻，用太白粉水勾芡，待汤汁收浓，再淋上芝麻油即可。

Part4
10分钟便当菜

快速方便好料理

因为做菜太麻烦，懒得带便当？只要10分钟，就能轻轻松松完成美味便当菜。最适合懒人的快速料理通通在这里！

香香辣辣最下饭

姜汁猪肉

份量 3人

材料

五花肉片……………300克
洋葱………………100克
姜泥………………45克
蒜泥………………15克
酱油………………少许
食用油……………适量

做法

1 洋葱切丝，切除蒂头后剥小块。

2 热油锅，将洋葱丝炒至变透明，再加入五花肉片炒至颜色变白。

3 加入酱油、姜泥、蒜泥和水，盖上锅盖，用小火焖5分钟后打开锅盖，转大火收汁即完成。

一吃就爱上

凉拌龙须菜

材料

龙须菜……………300克
白芝麻……………适量

做法

1 将龙须菜洗净，再将酱汁混匀备用。

2 龙须菜以滚水焯烫，焯烫完马上泡冷水，降温后捞起沥干。

3 将龙须菜与酱汁搅拌均匀。

4 最后撒上白芝麻即完成。

酱汁

橄榄油	20毫升
芝麻油	8毫升
昆布高汤	30毫升
酱油	10毫升
蒜末	少许
胡椒粉	少许
柠檬汁	少许

清爽又开胃

凉拌四季豆

份量

3人

材料

四季豆·············100克
蒜末·················5克
盐···················少许
黑胡椒粒···········少许

做法

1 将四季豆切成小段，下锅焯烫至四季豆颜色翠绿后捞起。

2 起锅后的四季豆马上泡入冰水中冰镇。

3 将蒜末、调味料与四季豆拌匀即完成。

独家小秘诀

如果喜欢吃较清脆的口感，也可以将部分四季豆焯烫3分钟就捞起，这样就可以同时吃到两种口感的四季豆喽！

清脆爽口

凉拌西蓝花

份量 2人

材料

西蓝花……………250克
蒜末………………5克
鲣鱼酱油…………15毫升
黑胡椒粒…………少许
盐…………………少许

做法

1 西蓝花切成小块，洗净备用。

2 烧一锅滚水，放少许盐，再放入西蓝花，待水再次煮滚，2~3分钟后即可捞起。

3 趁热将西蓝花与蒜末、调味料搅拌均匀即可。

4 拌匀的西蓝花直接放到冰箱，冷藏后会更美味。

培根芦笋卷

份量
2人

材料

芦笋·····················100克
金针菇···············150克
培根·····················3片
黑胡椒粉············少许
奶油·····················20克

做法

1 培根对半切；芦笋、金针菇洗净，切成约6厘米长段。

2 取一片培根平铺，将芦笋、金针菇放在培根上，卷起后用牙签固定。

3 平底锅开小火加热，下奶油化开，将培根卷放入锅中以小火煎至表皮微焦再翻面，另一面也煎至微焦后，转大火逼油，盛盘后再洒上黑胡椒粉即完成。

鲜嫩多汁
香煎猪排

材料

里脊肉·············300克
蒜头················3克
食用油············适量

做法

1 里脊肉切薄片，约0.5厘米厚，用刀背剁一剁；蒜头切末。

2 加入腌料腌约30分钟。

3 平底锅放少许油，放入肉片，以中小火煎至两面金黄即完成。

腌料

酱油	30毫升
米酒	15毫升
白糖	15克
太白粉	少许

香菇豆腐塔

份量 电锅

请扫我... 3人

材料

猪绞肉⋯⋯⋯⋯⋯100克
干香菇⋯⋯⋯⋯⋯⋯30克
鲜香菇⋯⋯⋯⋯⋯⋯40克
板豆腐⋯⋯⋯⋯⋯⋯100克
葱花⋯⋯⋯⋯⋯⋯⋯少许
胡椒粉⋯⋯⋯⋯⋯⋯适量
蚝油⋯⋯⋯⋯⋯⋯⋯适量
米酒⋯⋯⋯⋯⋯⋯⋯少许
芝麻油⋯⋯⋯⋯⋯⋯少许

做法

1 干香菇用水泡软后切成末，鲜香菇去掉蒂头。

2 猪绞肉中放入干香菇末、用手捏碎的豆腐、葱花及所有调味料搅拌均匀。

3 将肉馅填入鲜香菇中，再放入电锅中，外锅加水100毫升，蒸15分钟后掀盖看看是否熟透，若还没熟透可再加点水继续蒸煮，蒸15~20分钟即可。

还能这样做

豆腐中放盐的话会出水，影响整道菜的口感，因此要特别注意不能加盐喔！

妈妈的味道

菜脯蛋

份量
3人

材料

鸡蛋··················4个
菜脯··················50克
葱花··················少许
食用油··············适量

做法

1 菜脯洗净，切碎沥干。

2 热油锅，将菜脯拌炒至香味散出，取出备用。

3 蛋打散，加入菜脯和葱花搅拌均匀。

4 热油锅，倒入做法3的蛋液，以小火煎至两面
金黄色即完成。

香甜好滋味
玉米笋炒甜豆

份量
3人

材料

甜豆······················50克
玉米笋··················50克
盐·························少许
蒜头······················2克
食用油·················适量

做法

1 甜豆去除两头的硬梗，并剥下两边的粗丝；玉米笋洗净，对切成两半。

2 蒜瓣切末。

3 热油锅，开中大火，先将蒜头爆香，再放入甜豆和玉米笋，拌匀后加盐调味，再加少许水，盖上锅盖焖一下即完成。

 还能这样做

想要颜色更鲜艳吗？还可以加入胡萝卜跟木耳，煮出来的味道一样清甜好吃。

鲜脆清甜

清炒茭白

份量
3人

材料

茭白·················300克
高汤·················100毫升
盐····················适量
黑胡椒粉···········适量
食用油···············适量

做法

1 茭白清洗干净，再切滚刀块。

2 热油锅，放入茭白和盐，大火拌炒1分钟。

3 加入高汤，继续拌炒直到汤汁收干，再撒上黑胡椒粉即完成。

还能这样做

茭白可以切成细丝，但要注意，切得越细就要炒得越快，以免过度软烂。

超好吃家常菜

芹菜炒甜不辣

份量
3人

材料

芹菜·····················50克
甜不辣条···········100克
胡萝卜·················少许
蒜末·····················少许
盐························少许
食用油·················适量

做法

1 芹菜切段，胡萝卜切丝，甜不辣条对半斜切。

2 热油锅，爆香蒜末，再放入胡萝卜丝、甜不辣条拌炒，最后下芹菜炒3分钟，加盐调味后即完成。

还能这样做

如果吃素的话，可以将甜不辣改为豆干丝，和胡萝卜一起下锅拌炒，也一样美味下饭喔！

零失败简单料理

洋葱炒蛋

份量

2人

材料

洋葱……………100克
鸡蛋……………3个
盐………………少许
食用油…………适量

做法

1 洋葱去皮切丝；蛋打散备用。

2 热锅下少许油，放入洋葱丝炒至透明变软，再加入蛋液及少许盐调味。

3 将蛋和洋葱炒熟即完成。

独家小秘诀

洋葱一定要炒软之后再下蛋液，炒软的洋葱会释放出甜味，少了辛辣的口感。

鲜嫩多汁

照烧鸡腿

份量

2人

材料

去骨鸡腿肉········200克
米酒················75毫升
酱油················60毫升
味醂················30毫升
白芝麻··············适量

做法

1 用刀在鸡腿肉上轻轻划几刀。

2 将鸡腿皮的那一面朝下，放入锅中，盖上锅盖，以中火煎煮，等锅中冒烟有水气时掀盖，将鸡腿翻面，转中小火煎熟。

3 锅中再度冒出水气时，将米酒、酱油、味醂倒入锅中，盖上锅盖煮滚后，再掀盖收汁。

4 鸡腿切块，淋上酱汁，撒上少许白芝麻即完成。

外层焦香酥脆

香煎三文鱼

份量

2人

材料

三文鱼……………100克
盐…………………少许
黑胡椒粉…………少许

做法

1 三文鱼洗净，用纸巾吸干水分。

2 热锅放入三文鱼干煎，撒上黑胡椒粉和盐调味，将三文鱼煎熟至两面金黄即完成。

独家小秘诀

煎三文鱼的时候一定要有耐心，等第一面煎至金黄再翻面，否则鱼块很容易碎掉！

吮指回味

快炒红虾

份量

5人

材料

白虾·····················300克
蒜头·····················3克
葱·······················2克
姜·······················2克
米酒·····················15毫升
黑胡椒粉················适量
盐·······················少许
食用油··················适量

做法

1 将葱切碎末；蒜瓣压碎切末；姜切丝；白虾洗净沥干备用。

2 热油锅，放入葱末、蒜末、姜丝爆香，再加入白虾，转大火快炒20秒后，倒入米酒，持续快炒并翻动锅子。

3 等虾变红，放入盐、黑胡椒粉快炒约15秒后起锅。

清淡小炒

豆芽炒三丝

材料

绿豆芽……………………150克
猪瘦肉……………………50克
豆干………………………50克
红椒………………………40克
盐…………………………适量
酱油………………………适量
白糖………………………适量
食用油……………………适量

做法

1 瘦肉切丝，用盐、白糖、酱油腌渍入味。

2 绿豆芽去头尾，洗净；红椒洗净切丝。

3 豆干切丝后焯烫，捞出沥干备用。

4 热油锅，放入肉丝，炒至六分熟，再放入豆干丝、红椒丝拌炒，最后加入绿豆芽，炒至微软后，加入少许盐调味即可。

甘甜可口

腰果虾仁

3人

材料

虾仁······················60克
腰果······················30克
葱花······················适量
盐·························适量
米酒······················适量
太白粉···················适量
蛋白······················适量
姜末······················适量
食用油···················适量

做法

1 腰果入油锅炸至酥黄，捞出备用。

2 虾仁用盐、米酒、蛋白腌渍后，裹上太白粉，过油备用。

3 留少许锅底油，爆香姜末，放入虾仁、腰果拌炒后，加盐、米酒调味，最后撒上葱花即完成。

百合炒肉片

材料

猪瘦肉片⋯⋯⋯⋯100克
干百合⋯⋯⋯⋯⋯⋯15克
蛋白⋯⋯⋯⋯⋯⋯⋯适量
盐⋯⋯⋯⋯⋯⋯⋯⋯适量
太白粉⋯⋯⋯⋯⋯⋯适量
食用油⋯⋯⋯⋯⋯⋯适量

做法

1 将干百合用水泡发，洗净；猪瘦肉片用盐、太白粉、蛋白拌匀，腌渍入味，备用。

2 锅内倒油烧热，放入猪瘦肉片拌炒。

3 最后放入百合翻炒，加入盐和水调味，煨一下，再翻炒均匀即可盛盘。

独家小秘诀

干百合一定要先用水泡发，膨胀至2倍大才可使用；如果是使用新鲜的百合，则不需要泡水，清洗干净即可。

健康素食

蚝油香菇豆腐

 份量 蒸锅

2人

材料

豆腐·················100克
干香菇················30克
榨菜·················适量
香菇素蚝油···········适量
白糖·················适量
芝麻油···············适量
太白粉···············适量

做法

1 将豆腐切成小方块，中间挖空。

2 将泡软的香菇、榨菜剁碎，加入白糖、芝麻油和太白粉拌匀成为馅料。

3 将馅料镶入豆腐中心，淋上芝麻油、香菇素蚝油，摆在碟上蒸熟即可。

香脆好吃

干煸土豆片

份量
2人

材料

土豆…………200克
香菜段…………20克
干辣椒…………适量
蒜末…………适量
盐…………适量
花椒油…………适量
太白粉…………适量
食用油…………适量

做法

1 土豆去皮、洗净，切成片，抹上太白粉备用。

2 锅中加油烧至七分热，下土豆片炸成金黄色，捞出后沥油备用。

3 锅中留少许油，先下干辣椒、蒜末炒出香味，再放入土豆片，加盐，撒上香菜段，淋上花椒油即可。

丁香鱼炒花生

份量
2人

材料

丁香鱼·················50克
花生··················30克
香菜··················适量
辣椒末················适量
葱末··················适量
罗勒··················适量
蒜末··················适量
盐····················适量
胡椒··················适量
太白粉················适量
芝麻油················适量
米酒··················适量
食用油················适量

做法

1 将丁香鱼与盐、米酒、太白粉拌匀，放入高温油锅，炸至酥香，捞出沥干备用。

2 罗勒也下锅炸至香酥备用。

3 另起油锅，放入芝麻油、辣椒末、蒜末、葱末爆香，再放胡椒、盐、丁香鱼、罗勒、花生，快炒均匀，盛盘后撒上香菜即可。

菇菇好料理

板栗双菇

材料

香菇·····················120克
蘑菇·····················70克
竹笋·····················50克
青豆·····················30克
板栗·····················80克
蚝油·····················15克
太白粉····················5克
芝麻油····················适量
白糖·····················适量
食用油····················适量

做法

1 板栗放入滚水中，略烫一下，捞出后去皮，再用滚水煮熟，捞出；香菇、蘑菇洗净，切丁；竹笋洗净，切块。

2 热油锅，放入香菇、蘑菇和青豆，加入蚝油、白糖调味，再加适量水煨煮一下，接着再放入竹笋煮至入味。

3 放入板栗，翻炒片刻，用太白粉水勾芡，最后淋入芝麻油即可。

甘甜爽脆

清炒包菜

份量

2人

材料

包菜……………200克
蒜末……………适量
盐………………适量
食用油…………适量

做法

1 将包菜洗净，切片。

2 锅中放油烧至八分热，爆香蒜末。

3 放入包菜，以大火快炒至熟，出锅前，放入盐即可。

独家小秘诀

1. 包菜切片后，用温水冲洗，可以去除残留的农药。

2. 包菜用少许水微微焖煮一下，可以让包菜的甜味释放出来。

健脾消胀气

牛蒡炒肉丝

份量
2人

材料

牛蒡·················200克
猪瘦肉·················100克
蛋白·················1个
葱花·················适量
酱油·················适量
白糖·················适量
太白粉·················适量
食用油·················适量

做法

1 瘦肉洗净切成丝，加入酱油、白糖、蛋白、太白粉拌匀。

2 牛蒡洗净去皮，切丝。

3 热油锅，倒入肉丝炒散，再倒入牛蒡，加入酱油和白糖，再加入水，煨煮约2分钟，撒上葱花，即可起锅。

营养多更多

百合鲜蔬炒虾仁

材料

百合……………10克
虾仁……………100克
西芹……………50克
胡萝卜…………50克
荷兰豆…………50克
蛋白……………1个
盐………………适量
蒜末……………适量
米酒……………适量
太白粉…………适量
食用油…………适量

做法

1 百合剥成片状，洗净；西芹洗净，切斜段；荷兰豆去蒂，洗净；胡萝卜洗净，切成片。

2 虾仁用蛋白、盐、米酒、太白粉腌10分钟左右。

3 热油锅，爆香蒜末，放入西芹、荷兰豆，翻炒片刻。

4 再加入虾仁和胡萝卜，放入盐和水，继续翻炒1分钟。

5 最后加入百合炒40秒，淋上太白粉水勾芡，快速翻炒即可。

清爽开胃

银芽鸡丝

份量

材料

鸡胸肉……………100克
绿豆芽……………250克
盐…………………少许
食用油……………适量

做法

1 将鸡胸肉用滚水煮熟，放凉后撕成丝状。

2 将绿豆芽洗净备用。

3 锅内倒入适量食用油，待油热后，放入鸡丝，稍微翻炒1分钟，然后加入绿豆芽再次煸炒，最后加入适量的盐调味，翻炒至绿豆芽颜色变透即可关火。

 还能这样做

绿豆芽也可以先焯烫后，再放入冰水里冰镇备用，吃起来口感会更爽脆喔！

家常爽口小菜
炝土豆丝

材料

土豆	100克
芹菜	50克
葱丝	适量
花椒	适量
白醋	适量
酱油	适量
盐	适量
食用油	适量

做法

1 将土豆洗净、去皮，切细丝，过水捞出，沥干备用。

2 芹菜去叶、洗净、切丝，放入滚水中，焯烫后捞出沥干备用。

3 锅中倒入油烧热，放入花椒、酱油、白醋、芹菜、土豆、葱丝、盐，拌炒均匀即完成。

便宜出好菜

三丝木耳

份量 2人

材料

猪肉···················120克
木耳····················90克
黄椒···················适量
红椒···················适量
蒜末···················适量
盐·····················适量
酱油···················适量
太白粉·················适量
食用油·················适量

做法

1 木耳泡发后洗净，切丝；黄椒、红椒都洗净、切丝。

2 猪肉洗净切丝，加入酱油、太白粉腌渍15分钟备用。

3 热油锅，放入猪肉丝翻炒，再放入蒜末、木耳炒熟，加入水，放入盐调味，再放入黄椒、红椒，稍微拌炒一下即完成。

Part5
低卡少油便当菜

清爽不油腻

没胃口的时候，就来点清爽开胃的便当菜吧，只是简简单单的调味，却让人忍不住一口接一口！少油少盐少负担，一起品尝食材最天然的味道。

超简单料理

蒸南瓜

份量
3人

电锅

材料

南瓜·················400克
盐·····················少许

做法

1 将南瓜洗净去籽，切成块状，撒上盐后放入电锅中。

2 电锅外锅放500毫升水，蒸至开关跳起，再闷5分钟即可。

低卡小菜
日式牛蒡

请扫我…

份量

3人

材料

牛蒡·····················250克
白醋·······················适量
白糖·······················50克
味醂·····················30毫升
白芝麻······················5克
鲣鱼酱油············30毫升
芝麻油·····················少许

做法

1 牛蒡去皮切成丝。

2 烧一锅滚水，加点白醋，放入牛蒡丝约煮5分钟后捞起。

3 热锅中放入味醂、鲣鱼酱油、醋、糖，再放入牛蒡，拌炒至收汁，起锅前下芝麻油、白芝麻拌匀即可。

开胃小点

梅渍西红柿

份量

2人

材料

圣女果……………300克
话梅………………15克
冰糖………………15克
梅子醋……………30毫升

做法

1 圣女果洗净，底部用刀划十字，放入滚水中焯烫，捞起后放入冰水中，剥去皮。

2 热锅中放500毫升的水，水滚后放入话梅、冰糖、梅子醋，加热至冰糖完全溶解后，放凉备用。

3 取一容器，放入去皮的圣女果，再淋上做法2的酱汁，密封后放进冰箱冷藏2天即完成。

低卡减肥餐

姜丝冬瓜

材料

冬瓜·················250克
姜丝·················少许
酱油·················少许
食用油···············适量

做法

1 冬瓜去皮切块。

2 热油锅，爆香姜丝，再放入冬瓜、酱油和少许水，转小火焖煮至熟即完成。

还能这样做

也可以放入干贝丝，因为冬瓜没什么特殊味道，加入干贝丝可增加鲜美的味道。

自制低热量料理

包菜卷

请扫我...

份量　电锅

3人

材料

包菜叶·········150克
猪绞肉·········300克
马蹄···········50克
盐·············少许
芝麻油·········适量
胡椒粉·········少许
米酒···········适量

做法

1 取下整片包菜叶，将老梗去除，把处理好的包菜叶放入滚水中煮软。

2 马蹄切碎后放入猪绞肉中，再加盐、胡椒粉、米酒、芝麻油一起拌匀，至有黏性。

3 取一片包菜叶，铺上做法2中的馅料，包裹成长方形。

4 将包好的包菜卷放入电锅中，外锅加水100毫升，蒸15分钟后掀盖看看是否熟透，若没熟可再加点水继续蒸煮，大约15分钟即完成。

清甜好吃

开阳白菜

份量
3人

材料

大白菜·············600克
虾米··············20克
虾皮···············5克
姜末···············5克
盐·················2克
白糖···············4克
太白粉水··········15毫升
芝麻油············5毫升
食用油············适量

做法

1 大白菜洗净切段；虾米、虾皮洗净沥干。

2 热油锅，放入姜末、虾米、虾皮爆香，再加入大白菜段炒匀，最后加水炒至大白菜稍软。

3 加入所有调味料炒至入味，再以太白粉水勾芡即完成。

🍳 独家小秘诀

如果担心虾米的咸味过重，可以先将虾米泡水10分钟，去除多余的咸味之后，再下锅爆香。

5分钟出好菜

韭菜炒绿豆芽

份量

2人

材料

绿豆芽·················150克
韭菜·····················10克
蒜末·····················少许
盐·························少许
胡椒粉··················少许
食用油··················适量

做法

1 将绿豆芽洗净，放入滚水中焯烫后捞出。

2 韭菜洗净切段备用。

3 热油锅，放入蒜末爆香，再加入韭菜段、绿豆芽拌炒，最后放入调味料拌炒均匀即可盛盘。

独家小秘诀

如果想要口感更好，可以将豆芽菜的根部拔去，只留下银芽的部分。另外如果是使用黄豆芽，可先烧一锅滚水，加少许盐，焯烫黄豆芽，这样就能去除黄豆芽本身较重的土腥味。

懒人快速低卡料理

清蒸鳕鱼

份量
电锅

材料

鳕鱼·················200克
葱·····················1克
姜·····················3克
蒜头··················2克
辣椒··················适量
米酒················15毫升
盐·····················少许

做法

1 葱、辣椒都切丝。

2 蒜头拍碎备用。

3 鳕鱼洗净后放在盘中，淋上所有调味料，摆上蒜头和姜片，放入电锅中。

4 电锅外锅加200毫升水，蒸至开关跳起后，再撒上葱丝、辣椒丝即完成。

超快速料理

香菇炒上海青

材料

上海青……………250克
香菇………………50克
蒜头…………………2克
盐…………………少许
食用油……………适量

做法

1 上海青洗净，切成适当大小。

2 蒜头、香菇分别切片备用。

3 热油锅，爆香蒜片，再放入上海青、香菇和水，盖上锅盖焖约40秒。

4 打开锅盖以少许盐调味，快速拌炒均匀即完成。

还能这样做

想要吃得更清淡一点的话，可以先烧一锅滚水，加少许盐、油，将上海青和香菇烫熟后，捞起沥干，淋上少许蚝油即可。

家常炒粉丝

蚂蚁上树

份量
3人

材料

猪绞肉······················50克
粉丝······················250克
芹菜末·····················适量
蒜末······················适量
辣椒末·····················适量
酱油·····················45毫升
白糖······················少许
食用油·····················适量

做法

1 粉丝用水泡软后，用剪刀剪成两半。

2 热油锅，爆香蒜末以及辣椒末，再加入猪绞肉炒至变白。

3 加少许热水与绞肉拌匀，水煮滚后，放入酱油、白糖、粉丝，拌炒至粉丝充分吸收汤汁后即可起锅，最后撒上芹菜末即完成。

越南春卷

材料

越南米片⋯⋯⋯⋯⋯250克
米粉⋯⋯⋯⋯⋯⋯⋯50克
绿豆芽⋯⋯⋯⋯⋯⋯50克
莴笋叶⋯⋯⋯⋯⋯⋯60克
白虾⋯⋯⋯⋯⋯⋯⋯60克
香菜⋯⋯⋯⋯⋯⋯⋯适量
罗勒⋯⋯⋯⋯⋯⋯⋯适量
薄荷叶⋯⋯⋯⋯⋯⋯适量

做法

1 将所有沾酱调味料拌匀备用。

2 米粉烫熟沥干，虾煮熟后去壳对切，所有菜叶类洗净擦干。

3 米片泡温水3秒，变软后立即移到干的盘子上铺平，依序摆上虾、米粉、莴笋、绿豆芽、香菜、罗勒、薄荷叶，再将春卷皮卷起来并包紧馅料即完成。

沾酱

鱼露	10毫升
白糖	5克
辣椒酱	10克
蒜泥	少许

养生糕点
桂圆紫米糕

份量　蒸锅

3人

材料

紫米···········150克
糯米···········150克
桂圆···········50克
枸杞···········适量
白糖···········30克

做法

1 紫米和糯米泡水1小时；桂圆撕成小瓣；枸杞洗净备用。

2 将紫米与糯米搅拌均匀，再放入桂圆和枸杞一起拌匀，放进蒸笼中。

3 待蒸笼水滚，以中火蒸30分钟左右至米粒软黏，放入碗中分2次加糖拌匀，再将紫米糕填入模具中，放凉后用保鲜膜封住，进冰箱冷藏2小时后即可取出切块食用。

丝丝好入口

凉拌干丝

材料

豆干·····················80克
胡萝卜·····················10克
芹菜·······················20克
酱油·····················适量
白糖·····················适量
芝麻油···················适量
葱花·····················适量

做法

1 豆干丝洗净、沥干，切段；胡萝卜去皮、洗净、切丝。

2 将豆干丝、芹菜和胡萝卜丝放入滚水中煮熟，捞出后加入酱油和白糖，搅拌均匀，再加入芝麻油、葱花即可。

清脆低卡料理

西芹
百合炒腰果

份量
2人

材料

百合··················15克
西芹··················80克
腰果··················20克
盐······················5克
太白粉···············10克
食用油···············适量

做法

1 将西芹切斜刀，百合放入温水中浸泡，捞出，切去黑色部分。

2 炒锅加油烧热，放入西芹略炒，加入百合和盐翻炒，再加入水煨一下，以太白粉水勾薄芡，翻炒均匀后，撒上腰果即完成。

滑溜顺口

凉拌粉皮

份量
2人

材料

绿豆粉皮…………150克
胡萝卜………………50克
小黄瓜………………100克
香菜段………………适量
芝麻酱………………适量
西芹……………………适量
淡色酱油……………适量
葱花……………………适量
花椒油………………适量
芝麻油………………适量

做法

1 粉皮用开水洗净，捞出沥水，切条，拌芝麻油；胡萝卜洗净、去皮、切丝；小黄瓜洗净、切丝。

2 芝麻酱用芝麻油搅拌；蒜末加入淡色酱油中。

3 将粉皮摆在盘中，加上胡萝卜丝、小黄瓜丝、西芹，淋上芝麻酱、淡色酱油，再撒上葱花、香菜，最后滴少许花椒油即可。

健康养生小菜

凉拌苦瓜

份量

2人

材料

苦瓜·····················180克
沙拉酱·····················适量
番茄酱·····················适量

做法

1 苦瓜去籽后洗净并去除白膜，放入冷开水中浸泡，取出后切成斜刀片，再放入盘中。

2 将沙拉酱和番茄酱混合调匀，食用前，淋上酱汁或沾酱即可。

还能这样做

凉拌苦瓜放入冰箱中冷藏，味道更好。
沙拉酱和番茄酱的比例是5:1。

绝佳减肥菜肴

清蒸茄段

份量 蒸锅

材料

茄子·················250克
蒜泥·················适量
酱油·················适量
白醋·················适量
食用油··············适量

做法

1 茄子去柄和蒂，洗净、对剖、切成长段后放入碗内，加入少量油，再放入蒸锅中蒸煮。

2 将白醋、酱油、蒜泥均匀混合后，调成酱汁。

3 取出蒸熟的茄子，淋上酱汁即可。

饭中极品

虾仁饭

材料

虾仁·····················120克
白饭·····················250克
葱段······················适量
蒜末······················适量
白糖·······················4克
酱油······················5毫升
米酒······················适量
盐·························适量
食用油·····················适量

做法

1 起油锅，放入部分葱段爆香；加入蒜末、虾仁快炒；倒入少许米酒、酱油、白糖和盐调味；再加入少许水，煮至沸腾，滤出汤汁备用。

2 将白饭加热后倒入虾汤汁拌匀，让米饭吸满汤汁后铺上虾仁与余下的葱段即可。

营养不油腻
蘑菇鸡片

份量
2人

材料

鸡肉·····················150克
蘑菇·······················50克
蛋白·························1个
芦笋段·····················15克
米酒·····················适量
太白粉·····················适量
盐·······················适量
芝麻油·····················适量
鸡汤·····················适量
食用油·····················适量

做法

1 将鸡肉洗净，切薄片，加入蛋白、太白粉调匀；水发蘑菇洗净，切片，备用。

2 起油锅，放入鸡肉片过油，捞出备用。

3 锅留底油，加入鸡汤、芦笋段、盐、米酒煮滚，再放入蘑菇片、鸡肉片烧至入味，用太白粉水勾芡，最后淋上芝麻油即可。

超滑嫩爽口

香菇蒸蛋

材料

鸡蛋……………………2个
香菇……………………10克
葱花……………………少许
盐………………………少许
酱油……………………少许

做法

1 香菇泡软，切小片备用。

2 将准备好的葱花、香菇放入碗中，加蛋打匀，再加入盐、酱油和少许泡过香菇的水，轻轻搅拌均匀。

3 将食材放入电锅内，外锅加250毫升水，以一根筷子夹在锅与锅盖中使锅盖留一点空隙，蒸煮。

4 蒸约10分钟后，将蒸蛋取出，再撒上少许葱花即可。

炒脆藕

份量

3人

材料

莲藕··················500克
辣椒··················少许
姜·····················少许
盐·····················适量
芝麻油···············适量
白糖水···············适量
食用油···············适量

做法

1 莲藕洗净后去皮切片，浸泡白糖水中10分钟后捞出。

2 辣椒与姜都洗净，切丝备用。

3 热油锅，放入莲藕片、辣椒丝和姜丝快炒，再加入盐调味，最后淋上芝麻油。

还能这样做

莲藕容易变黑，可加少许白醋防止氧化变色。

健康蔬菜料理

凉拌时蔬

份量
3人

材料

香菇⋯⋯⋯⋯⋯⋯100克
蘑菇⋯⋯⋯⋯⋯⋯100克
胡萝卜⋯⋯⋯⋯⋯100克
西蓝花⋯⋯⋯⋯⋯100克
西红柿⋯⋯⋯⋯⋯100克
玉米笋⋯⋯⋯⋯⋯100克
马蹄⋯⋯⋯⋯⋯⋯100克
盐⋯⋯⋯⋯⋯⋯⋯适量
芝麻油⋯⋯⋯⋯⋯适量
酱油⋯⋯⋯⋯⋯⋯适量
白糖⋯⋯⋯⋯⋯⋯适量

做法

1 胡萝卜洗净切丁；香菇、蘑菇、西红柿、玉米笋分别洗净，切片；马蹄洗净，去皮切片；西蓝花洗净，切成小朵；将上述食材全部焯烫后备用。

2 将香菇、蘑菇、胡萝卜、西蓝花、西红柿、玉米笋、马蹄放入大碗中，倒入芝麻油、盐、酱油、白糖拌匀即可。

虾仁豆腐

份量 2人

材料

豆腐	200克	盐	适量
虾仁	50克	太白粉	适量
蛋白	适量	芝麻油	适量
食用油	适量		

做法

1 豆腐切丁；虾仁去肠泥，并处理干净，加入太白粉、蛋白拌匀。

2 起油锅，放入虾仁、豆腐丁、盐、水煨煮片刻，倒入太白粉水勾芡，起锅前再加入芝麻油即可。

独家小秘诀

如果不喜欢豆腐的豆味，可以先烧一锅滚水，加少许盐，将豆腐焯烫后放入锅中与虾仁一同煨煮。

简易轻食料理

凉拌海带根

材料

海带根·············150克
盐·················适量
酱油···············适量
醋·················适量

白糖···············适量
姜丝···············适量
芝麻油·············适量

还能这样做

海带根也可以换成海带芽，一般市面上的海带芽都是干货，使用前记得要先用冷水泡开，或是用热水浸泡来缩短泡发的时间。

做法

1 煮一锅热水，加入少许醋和盐，放入洗净的海带根，焯烫后捞出，沥干放入碗中。

2 加入盐、酱油、醋、白糖、姜丝拌匀，腌渍20~30分钟，最后淋上芝麻油即可盛盘。

图书在版编目（CIP）数据

爱心便当：饭盒里的温暖美味 / 甘智荣主编.--
乌鲁木齐：新疆人民卫生出版社,2016.8
    ISBN 978-7-5372-6641-3

Ⅰ.①爱… Ⅱ.①甘… Ⅲ.①食谱 Ⅳ.
①TS972.12

中国版本图书馆CIP数据核字(2016)第150442号

爱心便当： 饭盒里的温暖美味

AIXIN BIANDANG:FANHE LIDE WENNUAN MEIWEI

出版发行	新疆人民出版总社 新疆人民卫生出版社
责任编辑	张宁
策划编辑	深圳市金版文化发展股份有限公司
版式设计	深圳市金版文化发展股份有限公司
封面设计	深圳市金版文化发展股份有限公司
地　　址	新疆乌鲁木齐市龙泉街196号
电　　话	0991-2824446
邮　　编	830004
网　　址	http://www.xjpsp.com
印　　刷	深圳市雅佳图印刷有限公司
经　　销	全国新华书店
开　　本	173毫米×230毫米　16开
印　　张	9
字　　数	120千字
版　　次	2016年8月第1版
印　　次	2016年8月第1次印刷
定　　价	29.80元